Edition 2019

TÉLÉPILOTE DE DRONE
LE GUIDE COMPLET

Réglementation - Applications - Idées - Bonnes Adresses

Comment générer rapidement des revenus ? 30 idées de business

Sté Dronepatrimoine

D1727739

Avant-propos

Ce guide a été créé pour vous indiquer concrètement les démarches à effectuer pour devenir télépilote de drone indépendant, et vous lancer dans cette aventure !

Le but est de vous faire une idée de la place de marché disponible dans le secteur du Drone et de vous guider dans les étapes pour vous installer, vous positionner et engendrer des revenus grâce à cette activité.

Le drone est un vaste domaine d'activité, professionnel ou amateur. Nous sommes à l'aube de toutes les opportunités que vont nous apporter ces engins du futur.

On parle ici d'opportunité(s), car le second sujet du guide est de vous amener à monétiser votre activité. Ce but certes lucratif, va certainement aussi vous permettre d'enrichir vos compétences personnelles, consommer de votre temps, nécessite un investissement financier, intellectuel et personnel.

La Structure du Guide

Un ordre chronologique a été respecté pour vous aider et vous accompagner dans vos démarches. De plus, des liens utiles (web) ont été ajoutés dans chaque catégorie pour vous donner les solutions et les outils concrets à utiliser.

La première partie vous donnera les éléments essentiels pour devenir un télépilote de drone professionnel vis-à-vis de la législation française. Vous allez vous rendre compte que le chemin à parcourir n'est pas un long fleuve tranquille et nécessite quelques passages obligatoires.

La seconde partie donnera les outils indispensables pour lancer votre activité avec particulièrement les éléments liés à internet. Elle évoquera aussi les moyens de communication importants au bon lancement de votre activité.

SOMMAIRE

Introduction

L'essor et la réglementation des drones en France à réellement commencé en 2012, avec le premier arrêté du ministère des transports afin de réglementer leur utilisation. Le nombre d'activités dédiées s'est multiplié avec des utilisations professionnelles très importantes liées au cinéma, à la TV et au domaine audiovisuel en général.

De plus, des drones performants et accessibles ont envahi le marché avec à la tête des ventes des marques comme DJI (fabricant Chinois), PARROT (fabriquant Français) ou encore Hubsan.

L'activité s'est démocratisée, il y a de plus en plus de reconversion professionnelle et il existe maintenant un vrai marché sur le secteur de la photographie aérienne au moyen de drones, qui va continuer de s'accroître dans les années à venir. On parle d'une création de 15000 emplois sur l'horizon 2020.

Nous allons voir comment **s'installer en tant que pilote de drone indépendant,** les compétences précises associées et les qualités indispensables telles que la rigueur, l'autonomie, l'écoute, la maîtrise technique ou encore le sens de l'orientation.

Le pilote à son compte devra **maîtriser son drone,** gérer les paramètres de sécurité et l'autonomie, anticiper les conditions météorologiques, gérer la navigation en relation avec les centres de contrôle aérien, utiliser les logiciels adéquats...

D'autre part l'activité est soumise à une **réglementation très stricte,** définie et régulièrement mise à jour par la DGAC (Direction Générale de l'Aviation Civile).

I. Devenir Télépilote de drone, les bases

1.1 Le marché et les débouchés du drone civil Français

Pour commencer nous allons faire une petite présentation du secteur pour essayer de cadrer cette activité, qui on le verra reste très vaste et peut s'étendre sur plusieurs secteurs d'activité.

Les chiffres de la DGAC :
- 10 000 emplois
- 250 M€ de CA (2017)
- 400 000 drones professionnels à l'horizon 2050 en Europe pour 7 millions de drones de loisir attendus dans le même temps.

Analyse des chiffres :
250 Millions d'euros : cela ne représente que 25000€ par emploi, en sachant que ce chiffre inclut tous les domaines dont le militaire qui doit représenter la moitié du marché. Le marché reste aujourd'hui très concurrentiel, il faut aboutir sa réflexion avant de se lancer à son compte dans l'espoir d'en vivre à temps complet. L'intérêt de cette activité est sa croissance en France et dans le monde :

CA constructeurs et Exploitants

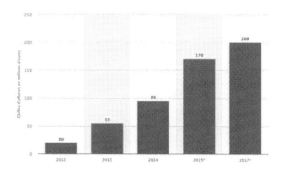

Chiffre d'affaires des constructeurs et exploitants français de drones professionnels et de loisirs de 2012 à 2017 (en millions d'euros)

Source : https://fr.statista.com/

Croissance du Drone

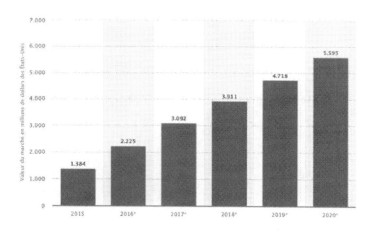

Prévision de croissance du marché des drones professionnels dans le monde de 2015 à 2020 (en millions de dollars des États-Unis)
Source : https://fr.statista.com/

Notre conseil : La part de marché disponible pour chaque exploitant étant faible, nous vous conseillons d'adopter le télé pilotage comme une activité complémentaire d'un revenu plus sûr au début de votre activité.

La seconde option est de démarrer son activité dans une niche. Se concentrer sur le marché de niche peut permettre de se démarquer de ses concurrents. Par exemple, certains se lancent dans les drones pollinisateurs ! Ces derniers permettent de combler le travail des abeilles avec un rendement beaucoup plus efficace.

Les applications et les débouchés sont très nombreux :
- la photo et la vidéo, l'activité de prise de vue aérienne
- la surveillance civile et la sécurité (police, pompier)
- le BTP avec l'analyse et la maintenance des sites, bâtiments, ponts barrages, réseaux...
- l'expertise d'assurance avec des missions d'inspection sur site (catastrophes naturelles, incendies...),
- la prise de vue technique avec la cartographie, l'imagerie 3D,
- les études thermiques (analyse des déperditions de chaleur),
- l'agriculture (surveillance des cultures ou des troupeaux)

Voir à la fin : 30 activités de télépilote de drone

1.2 La réglementation et les obligations légales

1.2.1 Obtenir le certificat théorique de Télépilote

Devenir pilote de drone indépendant demande une formation, l'obtention d'un « diplôme » et pour finir une déclaration auprès de la DGAC.

La nouvelle réglementation relative à la formation théorique des télépilotes est en vigueur depuis le 1er juillet 2018.

Les points capitaux à la validation de la formation sont les suivants :
- être âgé de 16 ans ou plus
- être titulaire **du certificat théorique de télépilote** délivré par la DGAC après réussite au nouvel examen théorique drone. Pour l'obtenir il faudra s'inscrire dans les centres d'examen de la DGAC. Cet examen se déroule uniquement dans les salles « écran » (salles Océane) sous forme d'un QCM de 60 questions.
  Pour le réussir il vous faudra obtenir 75% de bonnes réponses. L'épreuve dure 1h30.

Il existe deux méthodes pour passer l'examen théorique :
- Se former et prendre des cours dans un centre de formation
- S'auto-former sur les modules de l'examen avec les livres dédiés.

Pour le 1er choix en centre de formation, il faut compter au minimum un budget de 1000€. Vous serez entièrement pris en charge sur une ou plusieurs journées de formation afin d'apprendre les bases de l'aérodynamique et les points réglementaires. Souvent, les centres proposent une solution de révision de QCM en ligne et/ou des cours de e-learning.

Voir ci-dessous une liste non-exhaustive de centres de formation :

Liens utiles : www.lespagesdrones.fr et www.federation-drone.org

Frenchi Drone	AOZ	Arts et Métiers	ILOTDRONES
BY-DRONE	DRONE SESSIONS (Bas-Rhin)	Drone Protect System	DRONEEZ SAS
TELEPILOTE SAS	AIR DRONE SAVOIE	DRONE OCEAN INDIEN	Drone13
MI²LTON	Drones Application et Developpement	France Survol	LUKAS
Drones Center	ALEAS DRONES	INSTITUT MERMOZ	ALIZE ORGANISATION
DRONEWORK	IMIE	Reflet du Monde	APEX DRONE
Terkane	Atlantique Expertises Drones (AED)	Atechsys Academy	DRONE PRO 360 GRAND-EST
PRODRONES	GRETA du Choletais	GRETA BRETAGNE OCCIDENTALE	A2MS
AIR FLASH	FORMAT DRONE	CFAD (Centre de Formation et d'Apprentissage du Drone)	ALTEA SOLUTIONS SAS
Dronotec	Ultra Drone Solutions	Drone-Centre	ACL - DRONE PROCESS TRAINING

Si vous décidez de prendre la deuxième solution dite « autodidacte », il existe actuellement deux livres pour apprendre et réviser les bases, dédiés à cet examen :

- o Le Manuel du télépilote de drone - CEPADUES - 40€
- o Au format ebook : DRONES - MANUEL DE FORMATION THÉORIQUE DU TÉLÉPILOTE (VERSION NUMÉRIQUE) institut MERMOZ - 38€

NB : *Si vous êtes novice, nous vous conseillons de partir sur le livre suivant Les Questions Manuel télépilote de drone - CEPADUES - 20€*

A savoir que les livres sont très théoriques, ils permettent de comprendre les différents phénomènes associés au pilotage de drone et répondent à toutes les questions comprises dans l'examen. Il est Indispensable pour la réussite de votre examen de vous mettre en condition en faisant un examen blanc.

Sur le site de la DGAC il existe des examens blancs des années précédentes pour vous entraîner :

https://www.ecologique-solidaire.gouv.fr/drones-usages-professionnels

Vous pouvez aussi vous inscrire sur l'un des sites en ligne qui proposent ce genre de QCM.

Liens utiles :
- o https://drone-exam.fr
- o https://www.chezgligli.net

L'inscription à l'examen théorique se fait directement sur la plateforme web OCEANE
https://oceane.dsac.aviation-civile.gouv.fr/oceaneprt/toAccueilPortail.action

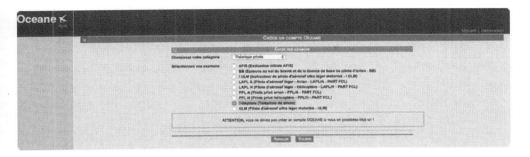

En premier lieu il vous faudra créer un compte et indiquer dans le choix de la catégorie "Théorique Privés" puis cocher Télépilote (Télépilote de drone).

Liste des salles OCEANE en Métropole : Aix-en-Provence, Beauvais, Bordeaux, Dijon, Lille, Lyon, Metz, Paris-Orly, Rennes, Toulouse, Strasbourg. Dates des sessions et procédure en Métropole :
https://www.ecologique-solidaire.gouv.fr/sites/default/files/Calendrier_et_Procedure_d_inscription.pdf
(Source Ministère de la Transition Écologique et Solidaire / DGAC)

Bon courage !

1.2.2 Obtenir une attestation de suivi de formation

Pour les compétences pratiques, c'est comme pour le permis voiture ! Une fois le code en poche, il faut passer la pratique au travers d'une formation. Cette nouvelle Attestation de suivi de formation est délivrée à la suite d'une formation pratique basique répondant aux objectifs définis réglementairement de compétences à acquérir. Un livret de progression doit permettre de suivre et d'attester l'acquisition des compétences pratiques. Il contient les comptes rendus détaillés et réguliers d'avancement établis par les formateurs et comporte les évaluations visant à estimer les progrès de l'élève Télépilote.
Vous pouvez vous référer au tableau précédent pour les centres de formations, il faut compter 3000€ pour la formation (au minimum).
Il existe en supplément des formations spécifiques de vol pour analyse de thermographie, pour devenir cadreur vidéo de télépilote et plein d'autres types de formations (intéressantes si vous avez déjà repéré votre niche).

Les formations peuvent être financées par un organisme public.
En effet, les dispositifs de financement ont changé depuis la mise en place du CPF (Compte Personnel de Formation). Le CPF, qu'il s'agisse de salarié ou de demandeur d'emploi, est destiné à financer des formations obligatoirement qualifiantes, qui doivent être inscrites au Répertoire National des Certifications Professionnelles. Les formations éligibles au CPF sont déterminées selon des listes établies par les partenaires sociaux.
Si vous êtes salarié, renseignez-vous auprès de votre employeur (existence d'un accord de branche) ou auprès de votre OPCA.

Si vous êtes demandeur d'emploi, demandez les informations auprès de Pôle Emploi (l'aide individuelle à la formation permet de financer, dans certaines situations spécifiques, tout ou partie des frais pédagogiques d'une formation en vue d'un retour durable à l'emploi).
Pour les demandeurs d'emploi, vous pouvez vérifier si l'organisme de formation est dans le catalogue Qualité Formation de Pôle Emploi (condition requise pour un financement).

A ce jour les formations de Télépilote ne sont pas des formations qualifiantes, aussi il est difficile d'obtenir un financement.
Autre moyen en tant que chômeur bénéficiant de son indemnisation est de demander l'ARCE
(Aide à la reprise est à la création d'entreprise) qui permet de toucher 45% du total de son indemnité en une fois, afin de financer sa création d'entreprise. Aussi toute entreprise peut bénéficier d'aides publiques à consulter sur www.service-public.fr/vosdroits

1.2.3 Rédiger le manuel d'activités particulières (MAP)

C'est un document comprenant des renseignements sur l'activité de l'entreprise, les télépilotes, les procédures, la sécurité, les conditions d'utilisation... C'est long et assez complexe à rédiger ; Certains organismes de formation incluent la rédaction du MAP lors de leurs cours, dans d'autres cas c'est une solution payante supplémentaire.

Extrait réglementaire :
Selon l'annexe III à l'arrêté du 17 décembre 2015 relatif à la conception des aéronefs civils qui circulent sans personne à bord, aux conditions de leur emploi et sur les capacités requises des personnes qui les utilisent :
§ 3.4.1. Un manuel d'activités particulières est requis pour l'exploitation de tout aéronef en activités particulières sauf pour l'exploitation d'un aérostat captif non autonome de masse inférieure ou égale à 25 kilogrammes.
§ 3.4.3. Le manuel d'activités particulières est amendé pour tenir compte :
a) des évolutions de la règlementation ; l'exploitant dispose d'un délai d'un mois, à partir de la date d'entrée en vigueur de la modification, pour effectuer cet amendement.
b) de toute modification de l'activité ayant une incidence sur le manuel...

Liens utiles :
Il existe un CANEVAS de MAP sur le site de la fédération française de drone :
https://www.federation-francaise-drone.com/bibliotheque-ffd/

En clair le **MAP** est un manuel à rédiger sois même qui n'est pas à diffuser mais reste obligatoire. On doit l'avoir sur soi lors de toute intervention. Il doit s'associer avec la déclaration d'activité de prise de vue aérienne. => CERFA n° 12546*01 Déclaration d'activité de photographie et de cinématographie aérienne.

1.2.4 La déclaration à la DGAC

Pour tout propriétaire d'un aéronef télépiloté ou exploitant professionnel, le portail AlphaTango permet de réaliser en ligne la plupart des démarches administratives nécessaires à votre activité. C'est un portail web administré par la DSAC et mis à la disposition des utilisateurs d'aéronefs télépilotés, leur permettant de gérer leurs données personnelles, enregistrer les aéronefs dont ils sont propriétaires et déclarer leur activité d'exploitant professionnel.

Lien utile :
https://alphatango.aviation-civile.gouv.fr/login

1.2.5 L'obligation de souscrire une assurance responsabilité civile professionnelle

Un professionnel a l'obligation d'être couvert par sa responsabilité civile drone pour pouvoir exercer son activité.

Extrait réglementaire :

« *Responsabilités, assurances et sanctions*

Responsabilités en cas de dommages aux tiers, assurance
Le télépilote d'un drone peut être rendu responsable, dans les conditions du code civil, des dommages causés aux autres aéronefs et il est de plein droit responsable des dommages causés aux personnes et aux biens à la surface (articles L. 6131-1 et L. 6131-2 du code des transports). Un usage professionnel de drone civil en toute légalité ne peut donc se faire sans cette condition. »

Les acteurs généralistes comme MMA et Axa France en proposent. Ils possèdent des offres d'assurance de dommages avec une extension RC nettement plus complète que les RC aviation. Groupama et SMABTP, des assureurs positionnés sur des secteurs où l'usage de drones se développe fortement, plus spécialisés avec l'agriculture pour le premier et la construction pour le second.

Pour la responsabilité civile professionnelle il faut compter 500€/an et le coût d'assurance du drone représente en moyenne 10% de son prix d'achat par an.

1.3 La création de l'entreprise en elle-même

Vous devrez déclarer votre activité auprès du Centre de Formalités des Entreprises compétent, le plus souvent la **CCI** (par exemple pour une activité de production audiovisuelle). Vous devez avoir choisi votre statut juridique au préalable...

1.3.1 Le meilleur statut juridique pour une entreprise de pilotage de drone

Si vous êtes seul, nous vous conseillons le statut de microentreprise. C'est le plus efficace pour cette activité, rapide et simple à créer.

Cependant les différents statuts juridiques possibles pour créer son entreprise de pilotage de drone :
- Si vous êtes seul : La micro-entreprise (**ex-régime auto-entrepreneur**) : c'est un statut très simple et adapté à un démarrage :
    - Cotisations sociales calculées sous la forme d'un pourcentage du chiffre d'affaires
    - Pas de cotisations sociales si aucun chiffre d'affaires
    - Obligation de suivre ses encaissements sur un livre de comptes
    - Obligation d'avoir un compte bancaire dédié
- Si vous êtes deux ou plus : La SARL : le dépôt minimum est de maintenant 1€, adapté à plusieurs associés et si vous avez d'ores et déjà en vue une capacité d'expansion
- **L'entreprise individuelle en nom propre** (EI) : nous vous déconseillons ce statut, moins adapté par rapport à la micro-entreprise compte tenu des difficultés administratives liées.

- L'EURL (SARL à associé unique) : statut envisageable, qui permet de mettre à l'abri son patrimoine, mais nécessite une mise en œuvre plus complexe.
- La SASU : statut récent qui permet d'éviter le régime de Sécurité sociale pour les indépendants.

Si vous choisissez comme dans la majeure partie des cas le statut de micro-entreprise ; nous vous conseillons le choix d'activité sous le code APE :

59.11 - Production de films Institutionnels et publicitaires 0.42Z.

Attention si vous ne choisissez pas cette activité principale, et que vous prenez par exemple : Photographie ; votre activité relèvera alors de l'ARTISANAT et les démarches seront totalement différentes (formation SPI obligatoire, réalisation de photos uniquement etc...). Nous vous déconseillons cette dernière qui réduit fortement votre champ d'activité.

Liens utiles :
- www.lecoindesentrepreneurs.fr
- www.economie.gouv.fr

1.3.2 Établir son budget de départ

Afin d'exercer votre métier vous allez devoir en plus d'un drone, investir dans du matériel nécessaire à la réalisation de vos projets.

L'intérêt de l'activité aujourd'hui est l'accès moins onéreux que par le passé à des équipements grands publics, possédants les mêmes atouts que du matériel professionnel. Nous allons vous proposer deux types d'investissement, un « minimum » et un « pro » pour vous faire une idée des coûts.

Vous serez le seul à pouvoir évaluer votre budget du fait de la spécificité de votre activité (cela se situe certainement entre nous deux enveloppes budgétaires).

Investissement matériel « minimum » :
- Pour couvrir les scénarios S1, S2, S3 DRONE exemple d'un DJI Mavic Pro Homologué DGAC - 1000€
- Batteries et chargeur - 200€
- Pour travailler, vous aurez besoin d'un ordinateur avec des performances raisonnables et un écran de qualité. Le minimum devrait se situer autour de 1000€
- Équipements de sécurité (Plots - gilet) - 50€

Total 2250€

Investissement matériel « PRO » :
- Un quadricoptère de moins de 2 kg (catégorie D), indispensable pour travailler en scénario S3 ou dans des espaces confinés 3000€
- Des batteries 10 paires 400€
- Radiocommande pro 600€
- Pour travailler, vous aurez besoin d'un ordinateur avec des performances raisonnables et un écran de qualité. Le minimum devrait se situer autour de 1000€
- Équipements de sécurité (Plots - gilet) - 50€

Total 5050€

Les frais (à prendre en compte dans les deux types d'investissement) :

- Assurance (entre 400 et 1000€ / An)
- Frais de déplacement (en fonction de votre mobilité, on peut compter 500€/An)

Une fois votre budget établi, vous devez le communiquer aux possibles acteurs en lien avec votre projet, et ainsi obtenir des financements. Par la suite nous allons évoquer les moyens de financement.

Liens utiles :
- www.studiosport.fr
- www.dji.com
- www.flyingeye.fr

1.3.3 Financer son début d'activité

Afin de débuter avec le plus de chances possibles de réussite, nous allons lister les moyens de financement de votre activité :

Faire une levée de Fonds :
Si vous êtes ambitieux, avec un réel besoin d'apport capitalistique, vous pouvez vous lancer dans une levée de fonds. Attention c'est une vraie aventure qui nécessite un projet de croissance ambitieux. Il faut avoir conscience des enjeux et de la finalité d'une telle opération. Les sites de crowdfunding ont démocratisé cette opération, qui peut se révéler juteuse pour le gagnant.

Avec par exemple une société qui cherche à faire de la protection de l'environnement, via du recensement ou de la protection d'espèces en voie de disparition par drone, le financement participatif peut-être adapté. Les inconvénients sont la création d'un dossier solide sur le fond, avec une idée précise et sur la forme avec une publicité de votre boite et un « pitch » parfait.

Demander des aides publiques :
Il existe en France une liste démesurée d'aides publiques possibles pour votre entreprise. Le gouvernement a mis en place un site internet pour se repérer : www.aides-entreprises.fr

Parmi les plus viables :

- **ARCE** (Aide à la Reprise et Création d'Entreprise) versé par Pôle Emploi, Destiné aux chômeurs, le montant de l'ARCE est un versement de 45 % des droits en une fois, ce qui permet d'obtenir directement un petit capital.
- **NACRE** (nouvel accompagnement pour la création et la reprise d'entreprise) Prêt à taux zéro pour la création ou la reprise d'entreprise.
- **AGEFIPH** (aide à la création d'entreprise par des personnes handicapées, demandeurs d'emploi) c'est un soutien financier pour les personnes handicapées. Subvention d'un montant de 6000€.
- **FGIF** (fonds de garantie à l'initiative des femmes ; garantie pour un prêt bancaire. Le montant maximum garanti est de 80 % du montant dans la limite de 50 000 €. Cette aide concerne les femmes entrepreneurs (sous conditions).

Pour les plus créatifs ou les plus compétitifs :

N°	Étapes	Outils
1	Faites le point sur vos compétences à acquérir, votre matériel nécessaire et votre budget estimé	Mindmaping, Excel, Evernote
2	Formez-vous et obtenez votre diplôme et vos autorisations d'exploiter	Organisme de formation & DGAC
3	Menez une petite étude de marché : repérez vos clients potentiels pour mieux comprendre leurs besoins et établissez un début de relation commerciale	ODIL de l'INSEE, mailing avec Sendinblue
4	Élaborez votre style et le contenu de votre offre	
5	Rédigez votre plan financier, recherchez des aides aux financements,	Excel, Numbers
6	Établissez votre communication (site, reseaux, graphismes, logo)	WIX, CANVA, FreePix
7	Choisissez votre statut juridique et déclarez votre activité,	Guichet-Entreprises
8	Faites les demandes administratives, d'aides à la création, d'aides budgétaires	
9	Prenez une assurance RC professionnelle,	AXA
10	Achetez le matériel et les équipements,	Studiosport, DJI
11	Lancer votre activité	WIX, Facebook, Leboncoin

S'inscrire à un **concours « talent » ou « innovation »** : toujours sur le même site, www.aides-entreprises.fr sont listés les concours possibles avec les particularités de participation et le montant des gains, de 500 à 5000€ ils sont souvent destinés aux jeunes et aux étudiants.
Liens utiles :
- o www.aides-entreprises.fr
- o www.caf.fr
- o www.service-public.fr

1.3.4 Récapitulatif des étapes pour devenir pilote de drone à son compte.

Checklist des éléments principaux à retenir et à respecter, ainsi que des outils informatiques utiles :
N'hésitez pas à vous organiser dès le départ en planifiant les étapes listées ci-dessus.

1.3.5 Pratiquer le métier d'exploitant d'aéronef télépiloté

Votre activité ne se cantonne pas à piloter un drone, il y a un aspect commercial indéniable à prendre en compte pour vivre et survivre dans ce secteur. Cette profession est en plein développement et demande de nombreuses qualités.

Les fonctions du télépilote :
- Les démarches administratives et la mise en place des règles et mesures de sécurité
- L'étude de cas : Avant chaque vol, le télépilote doit étudier la mission qui lui a été confiée, les particularités du lieu, les données techniques de l'appareil, le plan de vol, contrôler les paramètres de navigation, les conditions et la météo du jour du vol
- La maintenance technique de l'appareil doit être faite systématiquement (voir votre MAP) entre chaque vol, il doit relever les indices de navigation et palier à tout souci technique
- Réaliser la mission qui lui a été confiée et se conformer à toutes les attentes légales du client
- Le compte rendu de mission auprès du client. Malgré l'atterrissage du drone, le télépilote n'a pas terminé sa mission. Il doit compiler les images, travailler les vidéos afin de rendre un travail correct.
- Afin d'être reconnu comme un vrai professionnel, le télépilote doit développer certaines facultés :
  - Le sens de la communication, savoir communiquer avec son client et avec le reste de son équipe, en cas de travail à

plusieurs. Il devra rendre des comptes de la mission effectuée et gérer tous les imprévus.

- Le sens de l'orientation. Vous devez bien entendu savoir lire un GPS et avoir un sens aigu de l'orientation afin de savoir vous repérer facilement dans l'espace.
- La rigueur. Cette grande qualité est très importante pour le pilote de drone. Par le fait, vous devez être précis, organisé, compétent et déterminé afin de réussir avec brio chacune de vos missions.
- L'autonomie et être capable de réagir rapidement, de prendre des décisions et ne pas attendre que quelqu'un le fasse à votre place. Vous devez aussi gérer les conditions météorologiques, gérer le vol, l'atterrissage etc.
- Connaître les lois. Cela signifie que vous devez appliquer le code de l'Aviation Civile, voler uniquement dans les zones autorisées, respecter les scénarios 1-2-3 et 4.
- Savoir manipuler les logiciels en rapport avec le pilotage de drone, y compris les logiciels de traitement d'images et de vidéos nécessaires au compte rendu du client.

II. Lancer votre activité

2.1 Développer des nouveaux marchés

2.1.1 L'outil indispensable : une vitrine internet

Quel que soit le moyen employé, vous devez être présent sur internet. Au travers un site vitrine, une page Facebook, un annuaire professionnel, vous allez mettre en place votre stratégie marketing, pour faire venir le client à vous.

Le but est de faire en sorte d'être trouvé par vos cibles et générer du trafic sur votre site internet. Il faut créer une relation avec vos prospects (l'utilisation des réseaux sociaux le permet facilement) et adopter un marketing personnalisé et non intrusif, tout en abattant la frontière entre votre entreprise et votre cible. Par exemple, le télépilote ne doit pas hésiter à proposer son autobiographie, pour paraître accessible et briser les barrières qui vous séparent de vos clients.

Liens utiles :
o www.facebook.com
o www.leboncoin.fr
o www.wix.com
o www.ionos.fr

2.1.2 Le contenu de votre portail web

Voici une liste d'éléments à intégrer et à tenir à jour pour obtenir une bonne visibilité sur le net.

Vous devez construire un portail avec un contenu à valeur ajoutée :
- Informer vos visiteurs sur la nature de vos activités, votre mobilité, la qualité de vos rendus photos et vidéos
- Démontrer votre expertise au travers vos réalisations et votre CV
- Créer un univers fort autour de vos accomplissements, vos réalisations, une image de marque qui doit valoriser votre travail

La production et la promotion de vos photos et vos vidéos. Générer des signaux d'intérêts avec :

- Des appels à l'action à la fin de chacun de vos articles de blog ou sur les pages les plus stratégiques de votre site internet
- La création de pages d'atterrissage avec pour destination un formulaire de contact personnalisé
- La personnalisation de l'expérience utilisateur avec des pages d'accueil spécifiques en fonction de vos différentes cibles

Convertir vos prospects et visiteurs en clients par :

- L'envoi régulier d'un mailing ciblé avec des offres personnalisées (établissez un mailing local en ciblant les agences immobilières par exemple pour faire de la promotion d'annonce immobilières)
- La prise de contact classique par téléphone pour les prospects les plus « mûrs »

Fidéliser vos clients acquis pour :

- Les transformer en ambassadeurs de votre service (utiliser les systèmes d'avis en ligne, de commentaire)
- Proposer une fidélité récompensée (une prise de vue offerte toutes les dix clichés par exemple)

2.2 Les vecteurs de communication

2.2.1 Les basiques, bouche à oreille, démarchage, marketing local

La particularité de beaucoup d'exploitants est de proposer du B2B et du B2C. Pour ce qui est du travail avec des professionnels, l'activité de télépilote s'apparente à une activité d'expert, qui bénéficie d'une image reconnue par les entreprises. Mais cela fonctionne en bonne partie avec un réseau professionnel très développé.

Vous allez devoir utiliser toutes les voies possibles pour vous faire connaître et décrocher des contrats :

- Utiliser vos relations professionnelles passées, faites du démarchage d'entreprises, rechercher des relations professionnelles au travers des réseaux professionnels comme LinkedIn ou Viadeo, participer à des salons et événements professionnels.
- Identifiez et contactez des influenceurs locaux, vos anciens clients.

Plus de la moitié des PME fondent leur stratégie marketing sur les feedbacks laissés par leurs clients. L'idée consiste alors à amener leur clientèle déjà conquise à relater leur expérience et à exprimer leur satisfaction autant que possible.

En écoutant vos anciens clients, en les réactivant constamment (via des canaux de communication comme la newsletter, les réseaux sociaux, le phoning...) et en améliorant de manière continue vos offres, vous favorisez les recommandations digitales.

2.2.2 Les réseaux sociaux

Obligatoirement, du fait de leur popularité, vous devrez vous inscrire sur les réseaux sociaux pour développer votre activité, ils s'avèrent aujourd'hui indispensables.

FACEBOOK

Créer votre page, cela sera votre couteau suisse avec lequel vous pouvez tout partager.

Facebook est aujourd'hui une plateforme complète, cela peut pratiquement remplacer la création d'un site web en termes de rapport temps, travail / résultats.

Vous pouvez toucher des communautés ciblées, des groupes, communiquer facilement, proposer des événements, discuter facilement et rapidement avec vos clients, récupérer leur avis. Le fait d'interagir en temps réel avec vos clients grâce aux commentaires, mais aussi aux sondages, aux jeux concours etc... consolidera votre image et votre identité de marque.

Vous pourrez également générer des publicités ciblées (dont le budget varie en fonction de votre audience). Une option à étudier pour améliorer votre visibilité et la taille de votre communauté !

Facebook représente donc une véritable opportunité pour votre entreprise de se faire connaître rapidement, et à moindre coût !

LINKEDIN

1er réseau social professionnel, il vous permet d'échanger avec d'autres professionnels et de saisir de nouvelles opportunités commerciales. Le réseau social vous propose en outre de créer des profils dédiés aux entreprises et de participer à des groupes de discussion par thématiques.

Côté avantages, LinkedIn vous aidera à faire connaître votre entreprise et à enrichir votre carnet d'adresses (prospects, mais aussi fournisseurs, collaborateurs potentiels, etc.) !

Développer votre influence dans votre secteur d'activité, en communiquant sur votre savoir-faire dans les groupes de discussion.

YOUTUBE

Les vidéos les plus connues au monde sont ici, c'est la plateforme pour mettre en ligne et faire connaître vos réalisations. Mais le site vous permet surtout de créer votre « chaîne » de vidéos, donc de donner une forte visibilité à vos vidéos marketing ! YouTube bénéficie d'un très bon référencement Google ce qui aidera votre entreprise à gagner en notoriété.
Vous pourrez établir une connexion émotionnelle avec vos clients. La vidéo est l'un des supports les plus appréciés sur internet.

INSTAGRAM

C'est l'équivalent de YouTube, mais plus axé sur la photographie. Moins orienté professionnel, même si certaines fonctions y sont liées, il reste un bon moyen de publier et étendre sa communication photos. En lien avec Facebook il peut vous permettre d'augmenter vos vues.

Petit bonus pour **DRONESTAGR.AM,** la copie dédiée exclusivement aux photos par drone, ce dernier reste plus international que local.

N'hésitez pas à tester les réseaux disponibles, chacun peut vous apporter des éléments bénéfiques à moindre coûts :
Google+, Viadeo, Twitter, Pinterest, Dailymotion, SlideShare, Flickr, Slack, Tumblr, Vimeo, etc.

III. Les sources de revenus d'un Télépilote moderne

3.1 La rémunération, sous quelle forme ? (Forfait, devis, montant)

En fonction de votre savoir-faire, votre expérience, vos qualités et vos spécialisations, le salaire d'un pilote de drone peut varier du simple au double. Aussi, votre domaine d'activité sera le reflet de votre marché et de votre rémunération.

Comptez, en moyenne, 500 € pour une mission d'une demi-journée, même si des acteurs proposent des prises de vues à bas prix à moins de 100€ l'heure. Une mission se déroulant sur 4 à 5 jours vous reviendra environ à 2000-2500 € hors charges. En fonction du type de mission, de la qualité et des conditions, le prix peut légèrement varier (selon la difficulté, le lieu, une météo capricieuse).

Cependant, si vous êtes expérimenté et que vous avez une opportunité dans le monde de l'audiovisuel tel qu'un clip vidéo ou encore le lancement d'un nouveau produit etc., les montants peuvent s'élever à quelques dizaines de milliers d'euros.
Attention, ces chiffres ne sont qu'une estimation, la moyenne du salaire brut d'un pilote de drone (non débutant) tourne plus généralement autour de 30000 € par an.

Pour cette raison, si vous débutez dans le métier, je ne peux que vous conseiller de garder votre premier emploi si vous travaillez déjà. Ceci afin de basculer doucement vers un emploi de télépilote de drone à 100%. Les opportunités sont nombreuses, mais il faut savoir les saisir !

3.1.1 *Vous décidez de travailler uniquement sur devis*

Si vous travaillez sur devis vous allez pouvoir adapter un peu plus précisément vos tarifications. Mais cela va vous donner une charge de travail supplémentaire.

En effet, réaliser un devis précis nécessite une certaine réflexion et la rédaction d'un document dédié à envoyer par mail, par courrier.
Cependant un devis est un engagement vis-à-vis de votre client et permet de garantir dans un sens et dans l'autre le travail à effectuer. C'est encadré par la loi et donc à prendre au sérieux.

Pour diminuer votre charge de travail nous vous conseillons de vous créer un formulaire de devis pré rempli qui permettra d'optimiser votre temps.

Éléments nécessaires sur vos devis :
- Nom de votre société
- Les coordonnées de votre client ainsi que les vôtres
- La prestation à effectuer et les détails liés aux spécificités demandées
- Le tarif appliqué hors taxes (suivant le statut de votre société ; Exemple pour la micro-entreprise TVA non applicable)
- La date d'établissement du devis
- Les conditions de règlement

Optionnel :
- L'assurance souscrite
- La couverture géographique

Liens utiles :
- o www.facture.net
- o www.bonnefacture.com

3.1.2 Vous choisissez le paiement au forfait

Mettre en place un système de forfait est très efficace. Vous proposez directement à vos clients des solutions clés en main, répondant à leur besoin. La seule difficulté est de créer des bases forfaitaires qui seront bien en relation avec les besoins clients. L'idéal dans ce cas est de créer une formule avec minimum trois packs, un accessible, un très complet et le dernier entre les deux. L'intérêt du système de formule est de cadrer votre travail et ainsi fournir les limites de votre mission. Ces limites seront donc imposées en termes de temps, de quantité de travail rendu, d'étendue de zone traitée. Il est nécessaire de prendre en compte un maximum de paramètres dès le départ pour ne laisser aucune (mauvaise) surprise à vos clients.

La formule accessible doit répondre à un travail efficace, avec le meilleur rapport qualité/prix que vous pouvez fournir. Pour se faire vous devez identifier un besoin client minimum, avec par exemple un lot de prise de vues photographiques sous plusieurs angles. A vous ensuite d'estimer selon vos compétences si vous intégrez la prestation de retouche photo par exemple, ou encore la prise de vidéo. Pour estimer le coût de votre prestation brut, vous allez associer vos éléments en incluant vos frais de déplacement, votre temps (en vous appliquant un taux horaire, SMIC Janvier 2019 à 10,03€ Brut), l'amortissement partiel de vos investissements.

Exemple :
- Mission à 15km de votre siège (forfait basique de 1,5€/Km) 22,5€
- Temps d'une prestation 1h (salaire sur une base de 2500€ brut) - 16€
- Temps de post traitement et d'envoi des éléments + rédaction devis au client 1h - 16€
- Amortissement matériel (pour un investissement minimum, voir §1.3.2 à 2250€ en souhaitant rentabiliser sur 20 clients) - 112,5€

Coût : 166€

Sans faire de marge abusive, le coût de prestation « minimum » serait de 166€ suivant notre exemple. Vous devez ajouter à cette dernière une marge de 20% pour couvrir les différentes charges et impôts à venir.

Notre conseil : compter une prestation minimum à 200€ pour rentrer relativement rapidement de vos frais, quitte à fournir un travail plus abouti et soigné qui justifiera pour les budgets serrés votre tarif.

Le devoir du télépilote est de rappeler l'intérêt de son travail, de son expertise et sa responsabilité vis à vis de la réglementation et de la sécurité du vol. Cet exercice est à répéter pour tous les autres forfaits que vous souhaitez mettre en place, en incluant les coûts spécifiques aux prestations particulières comme la topographie ou autre analyse technique.

3.2 Les activités connexes (annuaire de télépilote, devenir exploitant, cluster drone paris etc.)

Par ailleurs, voici quelques idées d'expansion, comme devenir exploitant de drone avec une plateforme de mise en relation : c'est-à-dire proposer des solutions de prise de vue aérienne sans être soi-même le télépilote.

Il faudrait disposer d'une personne détenant le diplôme de télépilote de drone et qui ferait, soit pour votre compte, soit de manière indépendante (en versant une rétro commission) la prise de vue.

Ce business model est adapté si vous êtes à l'aise avec les technologies de l'information, et si vous avez déjà un gros portefeuille de clients disponibles. En plus si par exemple vous faites partie d'une association d'aéromodélisme, d'aviation, cela vous permettrait de trouver facilement des personnes pour mener à bien les différents projets.

Il existe de nombreuses associations dans toutes les villes moyennes. Avec ce format vous pouvez mettre en avant différentes spécificités liées à vos télépilotes et leurs spécialités respectives. Cela permettrait d'avoir une plus large zone de compétence et d'application dans votre secteur.

Attention : ce modèle existe déjà depuis plusieurs années, avec des sites comme :

- trouverundrone.com
- dronestajob.com
- rezodrone.com
- hoshio.net

En parallèle de ce type de fonctionnement, il existe des annuaires de télépilote de drone qui recensent les pilotes actifs ainsi que leurs compétences. Ces annuaires sont intéressants dans tous les cas, si vous êtes en entreprise individuelle vous avez tout à y gagner à y figurer car ils offrent une vision sur internet, c'est souvent gratuit.

A l'inverse si vous décidez de créer un annuaire d'exploitants pour votre région, par exemple, cela vous permettrait sous réserve d'accord commun d'obtenir de nouveaux clients, de nouveaux projets et du travail à partager.

Des annuaires en ligne :
- annuaireprodrone.com
- annuaire-drone.com
- drontastic.fr

Lancez-vous !

En résumé, devenir télépilote et obtenir des revenus est accessible mais c'est une démarche à mener relativement longue, de manière rigoureuse, avec un minimum de sérieux pour respecter le cadre réglementaire ; mais c'est certain, le jeu en vaut la chandelle !

L'investissement à faire est plus chronophage que pécuniaire, si vous êtes fasciné par les nouvelles technologie, l'aéromodélisme, le pilote, ce temps passé sera un réel plaisir.

L'obtention de la partie matérielle et contractuelle doit rester votre leitmotiv, mais n'oublier pas qu'il est impossible de réussir seul. Aussi il vous faudra communiquer autour de vous, et rester motivé dans ce secteur concurrentiel.
Nous espérons que ce guide aura pour les plus novices d'appréhender et de comprendre toutes les étapes vers le métier de télépilote, et que les plus avertis auront pu trouver des adresses et liens utiles dans leurs démarches de développement.
Vous pouvez maintenant voler de vos propres ailes !

https://fr.freepik.com/p
hotos-vecteurs-libre/technologie
Technologie photo créé par kjpargeter - fr.freepik.com

30 ACTIVITES DE TELEPILOTE DE DRONE		
Media	**Réseaux électricité gaz**	**Sécurité**
Prises de vues aériennes promotionnelles	Inspection d'ouvrage, ligne haute tension, panneaux solaires	Surveillance de zone
Production de films institutionnels, publicitaires	Corridor mapping, Longue Distance	Surveillance d'évènement
Prises de vues cinématographiques	Maintenance conditionnelle, sécurité	Sauvetage drone SOS
Réalisation de vidéo interactive (VR360°)	Référentiel infrastructure	**Agricole**
Prise de vues pour les annonces immobilières	**BTP**	Relevés (température, hygrométrie, pollution...)
Prises de vues pour les amateurs de voitures	Topographie, Suivi de chantier, Timelapse	recensement d'espèces végétales ou animales (biodiversité)...
Vidéo sportive (analyse tactique pour sport collectif)	Modélisation 3D	Fertilisation azotée
Vidéo sport extrême (vélo de descente, surf, ski...)	Cartographie et topographie	Stress Hydrique
Institutionnel	Calcul de cubatures	Épandage
Service de stage de découverte et autres formations	Monitoring de stock	Pollinisation
Initiation au pilotage « Racer »	Demoussage de toiture	80 % des activités restent à inventer !
Évènementiel	**Production Ingénierie**	
Photographies de mariage Livraison d'objet excentrique (bague de la mariée, colis d'anniversaire, message surprise)	Cartographie de site industriel Analyse des flux et d'implantation d'atelier Inventaire de stock	

Lexique

Activités particulières
Indique l'utilisation d'un drone hors loisir et compétition, les activités particulières sont réglementées par la DGAC et ne concerne que les télépilotes de drone professionnel

Aéronef
Un aéronef est un système capable de s'élever et de se déplacer dans le ciel, il en existe deux types : les aérodynes et les aérostats

APE
Code APE Activité Principale Exercée, attribué par l'INSEE

B2C
B to C (Business to consumer) désigne l'ensemble des relations qui unissent les entreprises et les consommateurs finaux.

B2B.
B to B, pour business to business, désigne l'activité commerciale inter-entreprises, c'est-à-dire les activités pour lesquelles les clients et prospects sont des entreprises.

Cartographie
Le drone permet de réaliser différents types de cartographies aériennes, la photogrammétrie, l'orthophotographie ou la modélisation en 3D

CERFA
Provient du nom du Centre d'Enregistrement et de Révision des Formulaires Administratifs, c'est un formulaire administratif réglementé téléchargeable

DGAC
La D.G.A.C Direction Générale de l'Aviation Civile, est un organisme d'état qui a pour mission de garantir la sécurité et la sûreté du transport aérien, il contrôle et gère les pilotes de drone

Drone
Du mot anglais signifiant gros bourdon

Fly-away
Le fly-away est la perte de contrôle du drone

GPS, Global Positioning System
Le GPS est un système de géolocalisation par satellite

INSEE
Institut national de la statistique et des études économiques
Kp
L'indice Kp est une échelle qui mesure de 0 à 9 l'activité solaire et les perturbations géomagnétiques, qui peuvent perturber le GPS du drone, plus l'indice est élevé et plus le vol est risqué.
LIPO
Type de batterie largement utilisé pour alimenter les drones, les batteries LiPo sont constituées de Lithium Polymère, elles sont légères et offrent une bonne autonomie.
Multirotors
Engin volant propulsé par plusieurs moteurs et rotors ou hélices, le drone est un multirotor et existe avec 4, 6 ou 8 moteurs voir plus.
Fly Zones
Ce sont des zones interdites de vol, elles se trouvent dans les contrôleurs de vol du drone pour l'empêcher de décoller, mis en place par les principaux fabricants pour limiter les survols illégaux de zones sensibles, agglomération, centrale nucléaire ou aéroport.
Rotor
Les rotors sont des hélices ou pâles, ils permettent le déplacement et assurent la stabilité du drone, leur montage est spécifique et doit respecter le sens de rotation des moteurs.
SEO
Search Engine Optimization (optimisation pour les moteurs de recherche)
SPI
Stage de préparation à l'installation, obligatoire pour les artisans
Scénarios de vol
Il existe quatre scénarios de vol pour les drones le S1, S2, S3 et S4 utilisé pour indiquer dans quelle zone vole l'aéronef, en campagne ou en agglomération, chaque scénario demande des autorisations de survol spécifiques.
Time-Lapse
Technique qui consiste à réaliser des photographies à intervalles réguliers, pour après traitement informatique obtenir une vidéo en images accélérées appelée Time Lapse.

Sources

LIVRES

- La filière des drones en Ile-de-France / Constanty Valérie / îdF / 2018
- L'Inbound Marketing : Attirer, conquérir et enchanter le client à l'ère du digital / Stéphane Truphème
- Manuel de télépilote de drone / Régis Le Maitre Bastien Mancini / Cépaduès éditions / 2018
- Etudes et opportunités de l'ouverture d'un centre Normand pour drones / Normandie Aerospace / 2018

WEB

- federation-drone.org
- ecologique-solidaire.gouv.fr/drones-usages-professionnels
- federation-francaise-drone.com
- lecoindesentrepreneurs.fr

Printed in France by Amazon
Brétigny-sur-Orge, FR

16338602R00022